U0106209

請貼在 P. 6 - 7

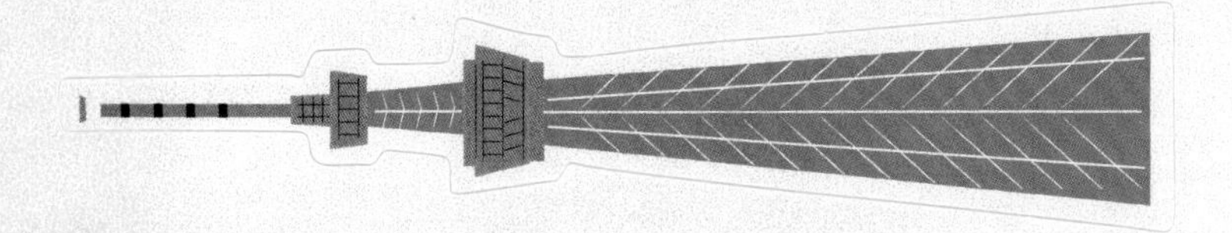

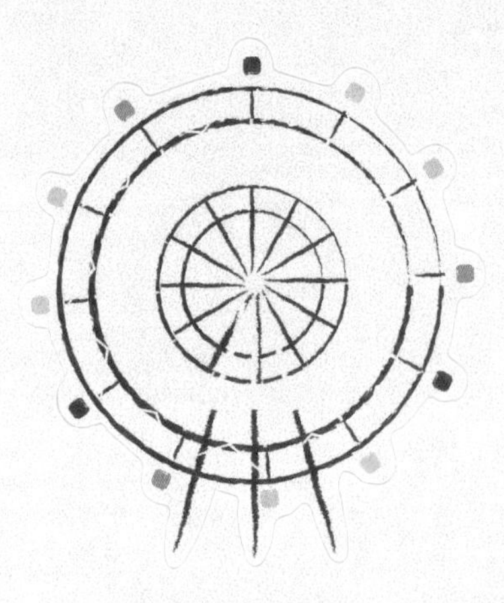

請貼在 P. 8

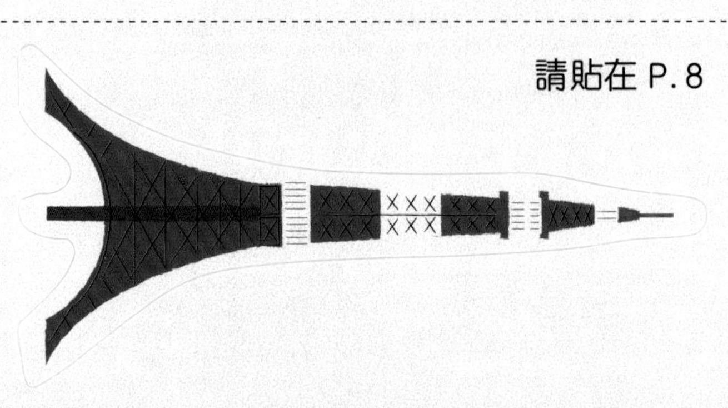

請貼在 P. 12

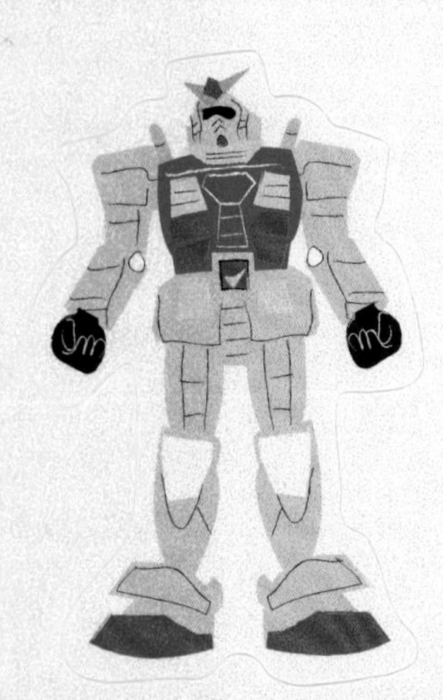

請貼在 P.13

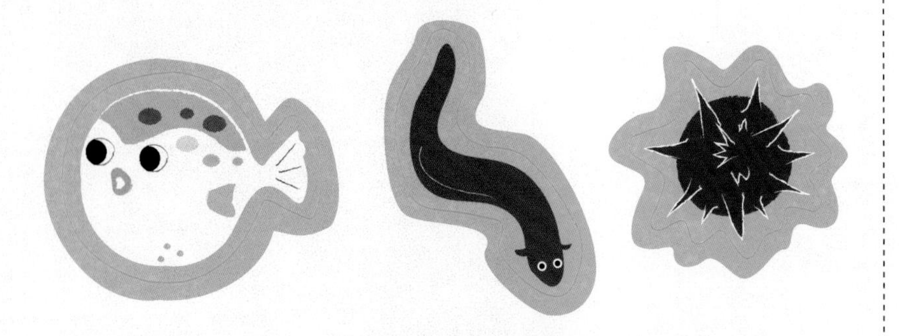

請貼在 P.15

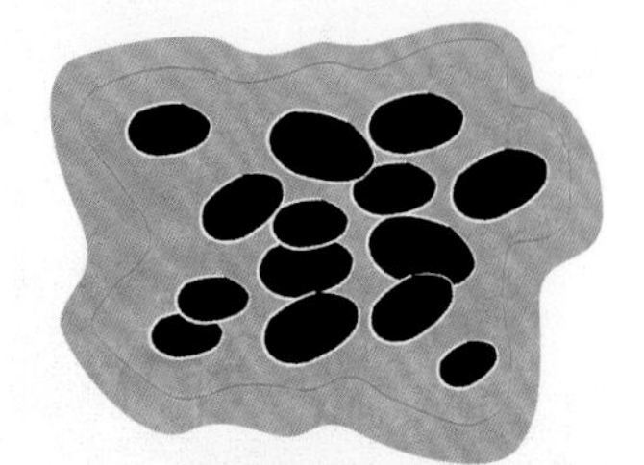

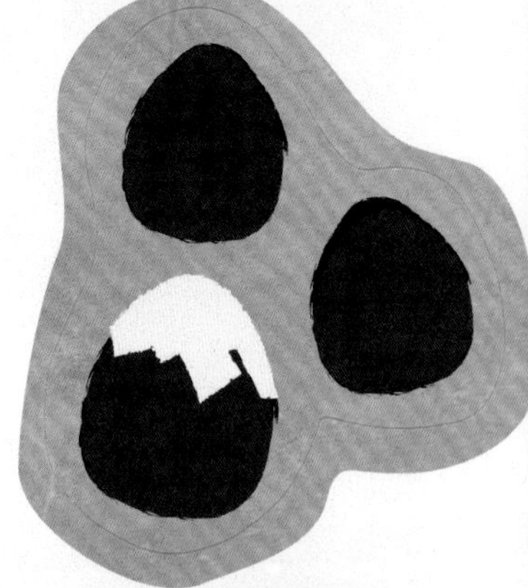

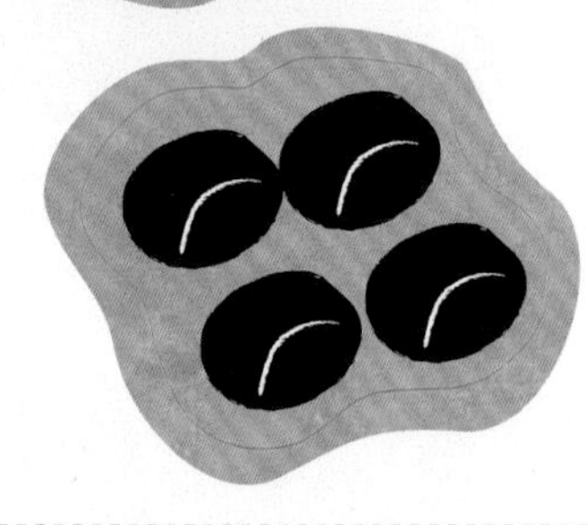

請貼在 P.16 - 17

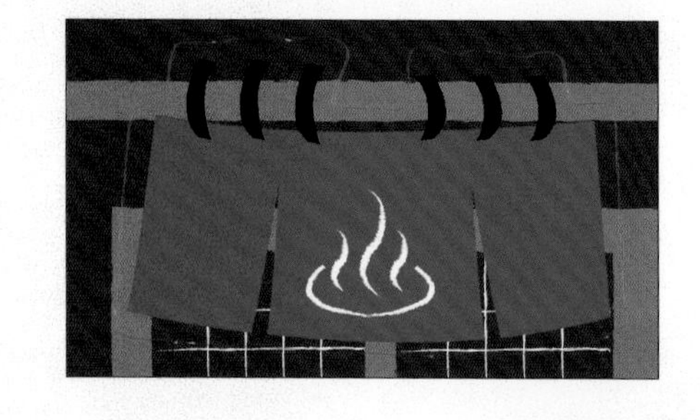

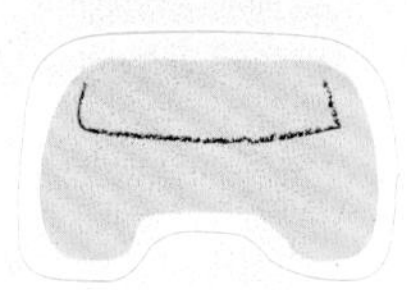

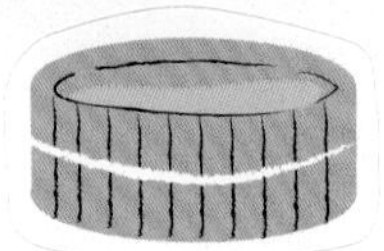

請貼在 P.18

JR 東京駅
JR東日本

快速 14:30 地下 2
快速 14:33 地下 3
特急 14:33 地下 2

請貼在 P.20

請貼在 P.22

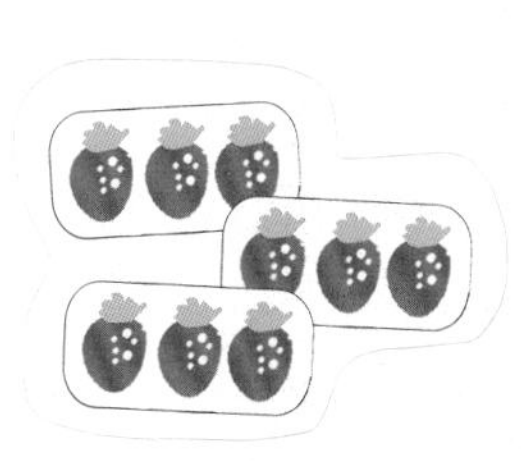
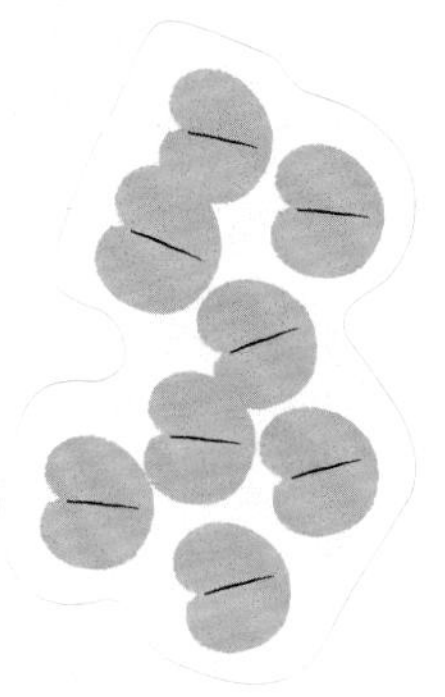

請貼在 P.23

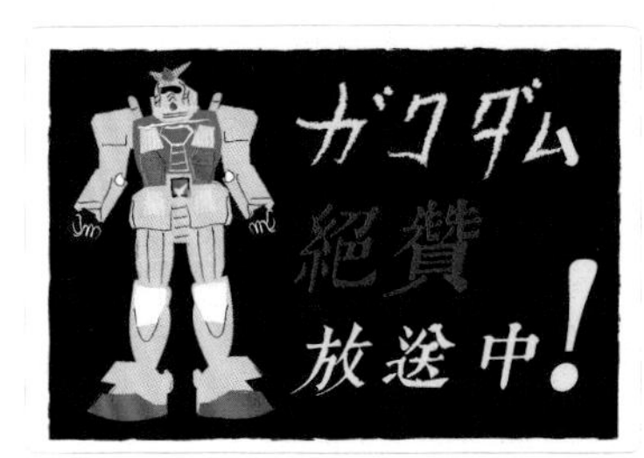


請貼在 P.24-25

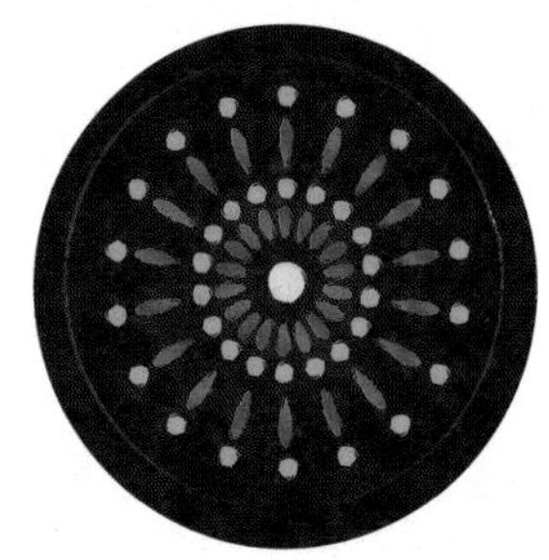

請貼在 P.26

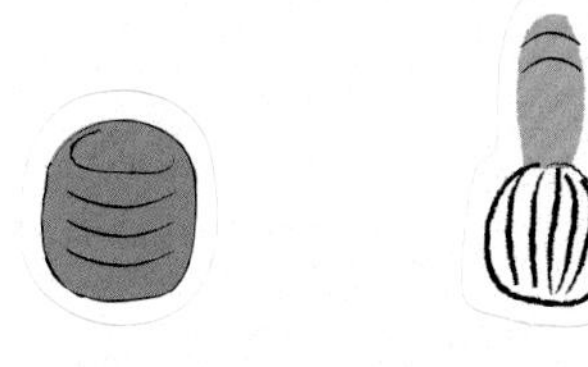

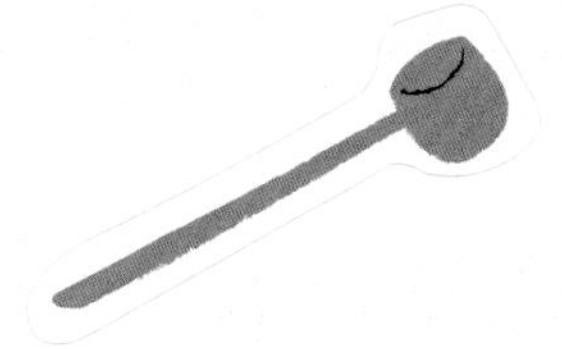

請貼在 P.31

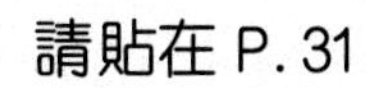

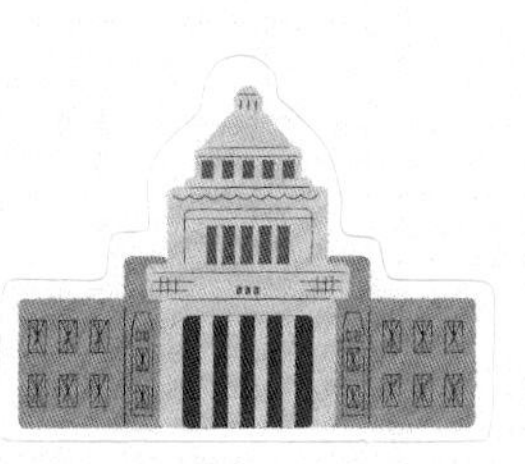

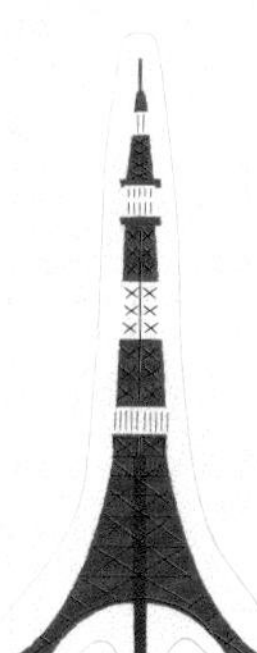

請隨便使用以下的貼紙

我的旅遊手冊

# 東京

新雅文化事業有限公司
www.sunya.com.hk

# 我的旅遊計劃

小朋友，你會跟誰一起去東京旅行？請在下面的空框內畫上人物的頭像或貼上他們的照片，然後寫上他們的名字吧。

登機證
Boarding Pass

東京 TOKYO

請你在右面適當的位置填上這次旅程的相關資料。

出發日期：

年　月　日

回程日期：

年　月　日

旅遊目的：

☐ 觀光
☐ 探訪親人
☐ 遊學
☐ 其他：______

在出發前，要先計劃活動，你可以跟爸爸媽媽討論一下行程安排。請在橫線上寫上你的想法吧。

- 我最想去看的建築物：

______________________________

- 我最想去的地方：

______________________________

- 我最想吃的美食：

______________________________

- 我最想做的事情：

______________________________

- 我最想購買的紀念品：

______________________________

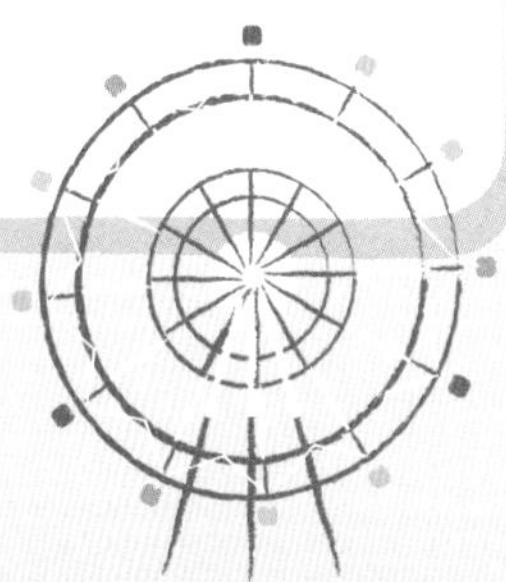

# 東京 Tokyo

——日本的首都

こんにちは！

小朋友，快來一起到東京這個美麗的城市，認識日本的文化吧！

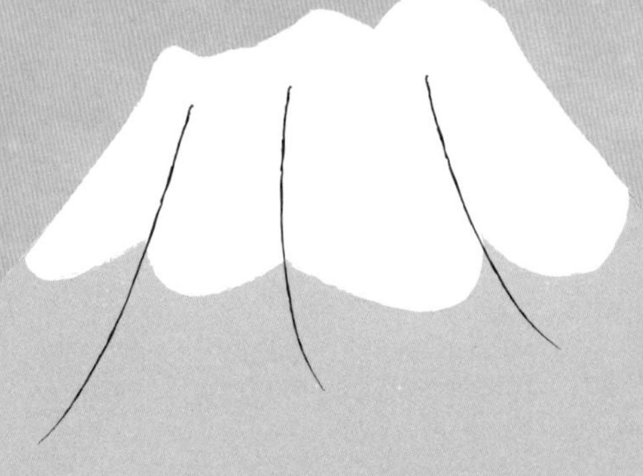

# 認識日本

正式名稱：日本國　　　地理位置：東北亞

日本是一個位於太平洋的海島國家，鄰近中國、朝鮮和俄羅斯。日本的領土主要由 4 個大島組成，包括：本州、四國、九州和北海道，還有很多小島。而行政區域則分為都、道、府和縣。

語言：日語

首都：東京

國旗：

貨幣：日元 ¥

沖繩

**考考你**

你知道日本的君主有什麼稱號嗎？

答案：天皇

# 東京的天際線

東京是日本的政治、經濟和文化中心。小朋友，你能分辨出以下這些地標嗎？請從貼紙頁中選出合適的貼紙貼在剪影上。

**小知識：**

東京是一個非常有魅力的亞洲大都市，在新宿、澀谷、原宿、六本木及台場等地方，既有現代化繁華城市特色，同時又保存了傳統的建築和美麗的大自然景色，吸引了人們從世界各地來觀光，體驗獨特的日本文化。

## 高塔比一比

晴空塔是東京的新地標之一。小朋友，你知道晴空塔到底有多高嗎？請從貼紙頁中選出東京鐵塔貼紙貼在適當的位置，比比看吧，然後在橫線上填寫正確的數字。

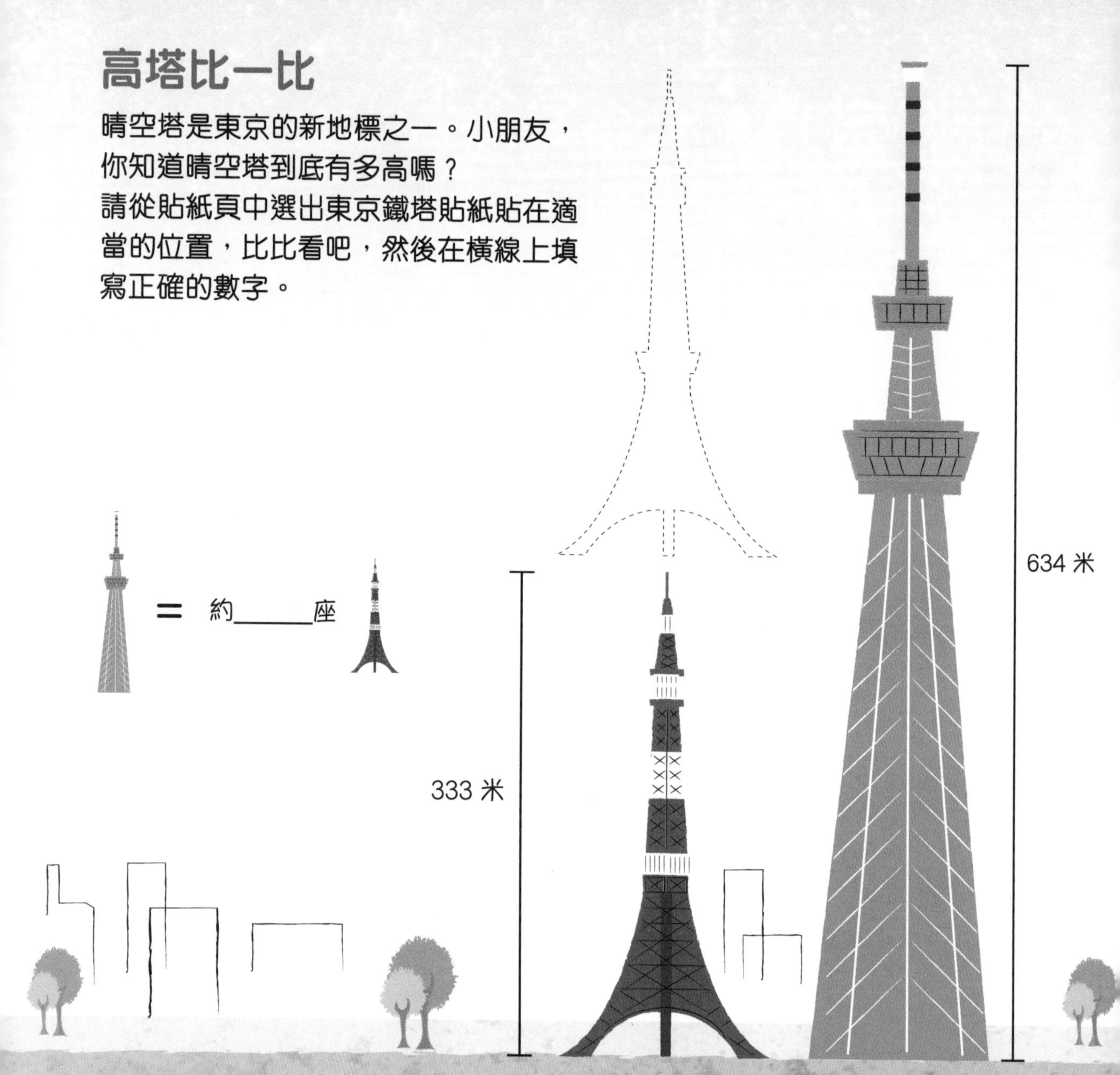


**小知識：**

晴空塔建於 2012 年，高 634 米，它取代了東京鐵塔成為東京都最高的電波塔，主要用於傳播數碼電視廣播。而東京鐵塔則建於 1958 年，高 333 米，也是一座傳送電視信號的廣播塔。

# 明治神宮

在日本旅遊，很多遊客都會到寺廟神社觀光和祈福，例如去著名的明治神宮。小朋友，你有什麼願望呢？請你在下面空白的繪馬上寫下你的願望吧。

**小知識：**

繪馬是一種日本神社或寺廟所用的祈福物品，用木板製成，呈五邊形。

**考考你**

你知道上圖中的建築的名稱嗎？

答案：鳥居

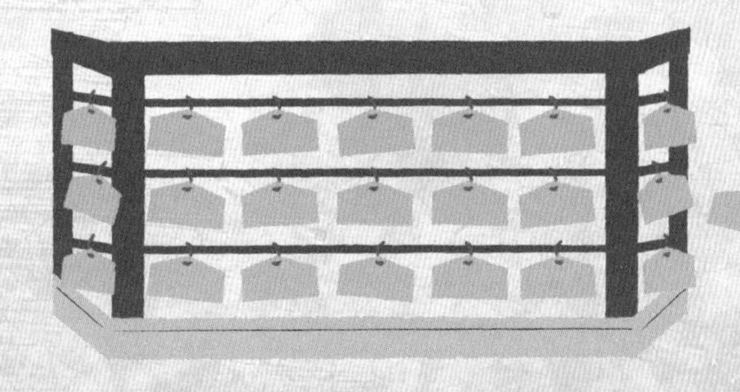

# 淺草寺雷門

東京都內有一座非常古老又具代表性的寺廟，那就是淺草寺。淺草寺的雷門入口，是一個著名的旅遊名勝。當你在東京旅遊時，請依照淺草寺的外觀，把下圖填上顏色。

**小知識：**

淺草寺創建於 628 年，是東京都內最古老的寺廟。別以為這裏只有一座佛壇寺廟，其實淺草寺佔地很廣，從雷門一直延伸到寺廟前的道路兩旁，設有很多商店供遊客購買紀念品和特產，還有著名的小吃，例如人形燒。

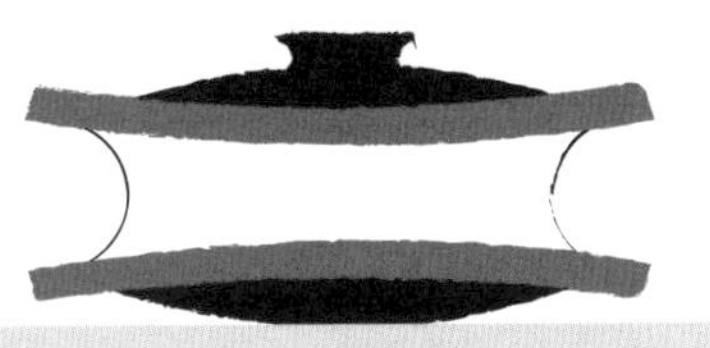

**小提示：**

當你在淺草區遊覽時，你可以在淺草寺門外乘坐人力車（見右圖），試試體驗這種歷史悠久的交通工具，同時可以遊覽寺廟四周的景色和晴空塔呢。

# 台場新地標

台場是東京都內新興的旅遊購物區域，到底這區內有什麼特別的地標？請從貼紙頁中選出合適的貼紙貼在剪影上，把這些地標找回來吧。

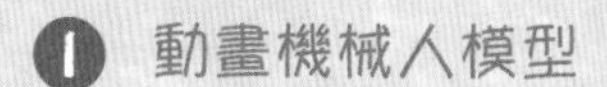

2 海濱公園的自由女神像

3 摩天輪

**我的小任務**

當你遊覽台場時，請你選出一處喜歡的地標拍下一張照片來留為紀念吧。

おいしい！魚類市場

# 築地魚市場

日本是一個海島國家，因此盛產各種不同的海鮮。在東京旅遊時，遊客們都喜歡到著名的築地魚市場，去看看商人在市場競投海產，或者到那裏的餐館吃新鮮的美食呢。

**小知識：**

河豚料理是日本獨特的飲食文化。雖然河豚的內臟含有劇毒，但經過專業的廚師小心處理烹調，就能成為美味的河豚料理。

你知道以下的是什麼海鮮嗎？請從貼紙頁中選出合適的貼紙貼在剪影上。

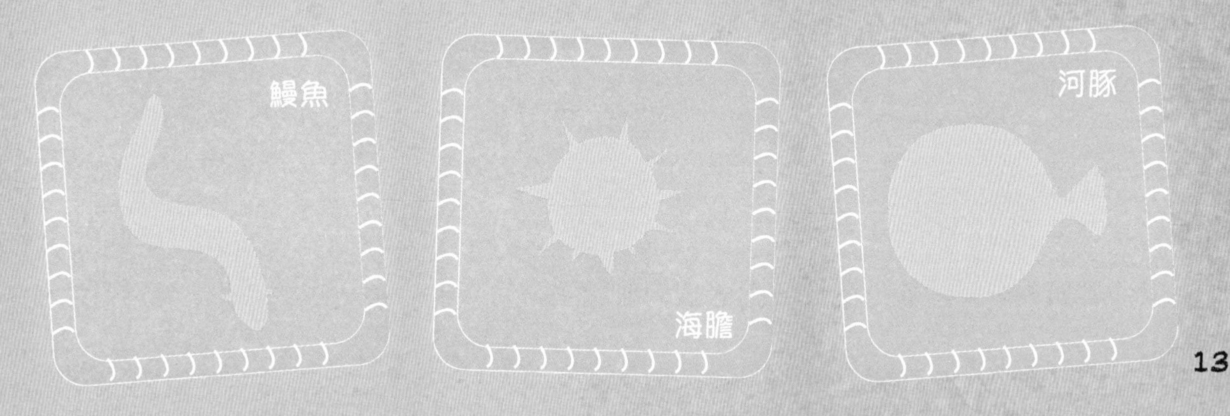

# 美麗的富士山

富士山是日本重要的傳統象徵之一。富士山是全日本最高的山，深受全國人民愛戴。請把下圖填上顏色，讓我們看清楚這座美麗的富士山吧。

**小知識：**

富士山是一座活火山，位於東京近郊的山梨縣。在美麗的富士山下，有富士五湖，包括：山中湖、河口湖、西湖、精進湖、本栖湖，它們是富士山火山噴發後所形成的湖泊。遊客可以到河口湖一帶乘搭纜車去欣賞美麗的富士山。

## 箱根國立公園

在富士山附近的箱根國立公園，是著名的旅遊景點，其中大涌谷火山吸引了不少旅客來到山上觀光。請從貼紙頁中選出合適的貼紙貼在剪影上，你就會知道當地有哪些特產了。

大涌谷的手信特產

溫泉饅頭

竹炭花生

溫泉黑玉子

**小知識：**

黑玉子是大涌谷有名的特產。人們把雞蛋放到大涌谷的溫泉池內煮熟，溫泉水中的物質令蛋殼變成黑色的。傳說人們吃下一顆黑玉子可長壽七年呢。

**我的小任務**

小朋友，當你在大涌谷遊覽時，請你找出右圖的黑玉子石像，並拍下一張照片留念吧。

# 温泉之鄉

在日本旅遊時，很多遊客都愛到温泉旅館去體驗泡温泉呢。你可以到著名的箱根温泉區。大家快來泡温泉吧，請從貼紙頁中選出合適的貼紙貼在剪影上，來看清楚温泉區的情況吧。

守則

1. 請不要在温泉範圍內奔跑，避免滑倒。
2. 請不要在温泉中游泳嬉戲。
3. 請勿穿着衣服進入温泉內。
4. 請保持衞生，在進入温泉前必須先坐在小板凳上淋浴。

**考考你**

小朋友，圖中有三處人們做得不對的地方，請你把他們圈出來吧。

# 鐵路電車

日本的鐵路網絡四通八達，有很多種不同的電車和地鐵線路貫穿整個國家，交通非常便利。請從貼紙頁中選出合適的貼紙貼在剪影上，讓大家看清楚這個繁忙的電車站吧。

12 3 6 9

1 2 出口

**我的小任務**

在東京的澀谷電車站，站外有一座十分著名的紀念銅像和大型壁畫。
請你找出那座銅像是什麼動物來的，並拍一張該銅像的照片留為紀念吧。

答案：忠犬「八公」的狗銅像

# 在電車裏

小朋友，你知道在電車車廂中有哪些行為是不對的嗎？
請在圖中把不對的行為圈出來。

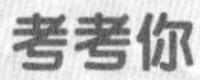

## 考考你

你知道日本的電車設有哪種特別的車廂嗎？請圈出代表答案的英文字母。

Ⓐ 年長人士專用車廂

Ⓑ 男性專用車廂

Ⓒ 女性專用車廂

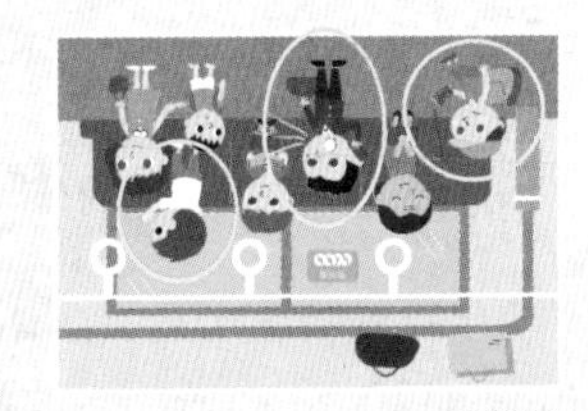

答案：C

答案：

# 日本美食

日本料理是世界上廣受歡迎的菜式之一，有很多不同風味的美食。小朋友，你知道日本有哪些特色美食嗎？請從貼紙頁中選出食物貼紙貼在合適的剪影上。

* 親子丼：即滑蛋雞肉飯。

# 鐵板燒美食

鐵板燒是日本著名的料理，廚師會直接在客人面前把新鮮食材在鐵板上烤熟。小朋友，你最喜歡吃哪一種鐵板燒？請在下面選出你喜歡的食材，在 □ 內加上 ✓。（你可以選擇多於一項）

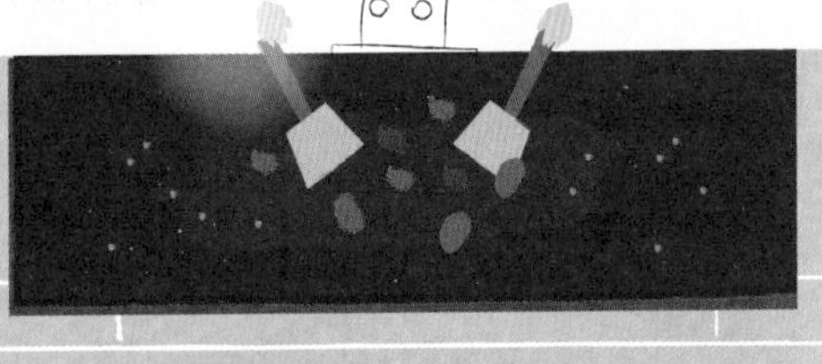

1
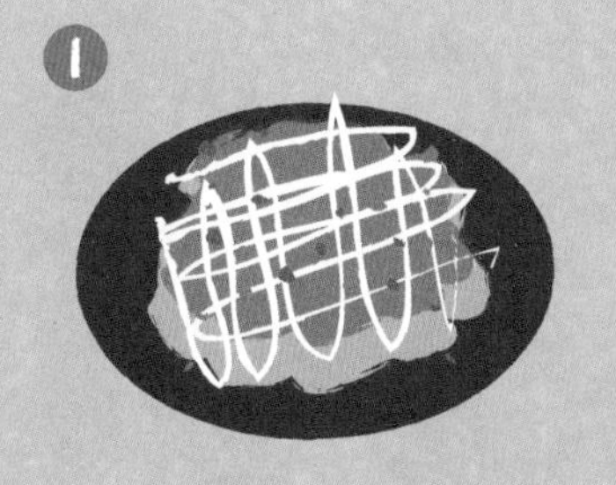
燒餅 □

2

日本和牛 □

3

海鮮 

4
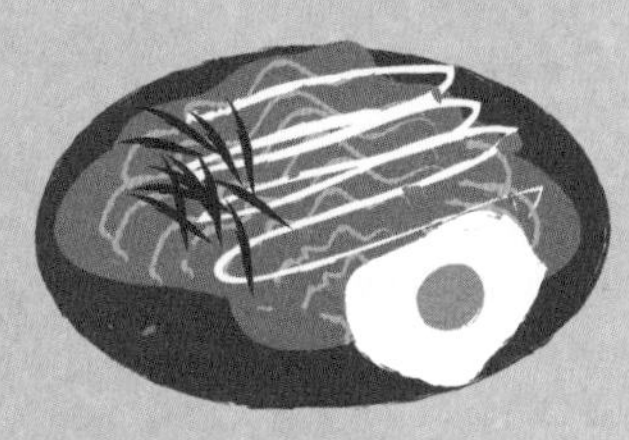

炒麪 □

5

炒雜菜菇 □

6
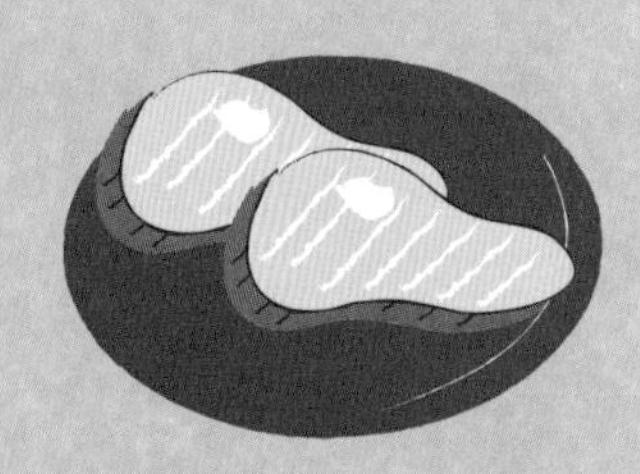
煎銀鱈魚扒 

# 日本蔬果多

日本位於火山帶，當地氣候四季分明，泥土肥沃，因此盛產很多不同種類的蔬果。小朋友，請根據下圖中的水果名稱，從貼紙頁中選出水果貼紙貼在適當的位置。

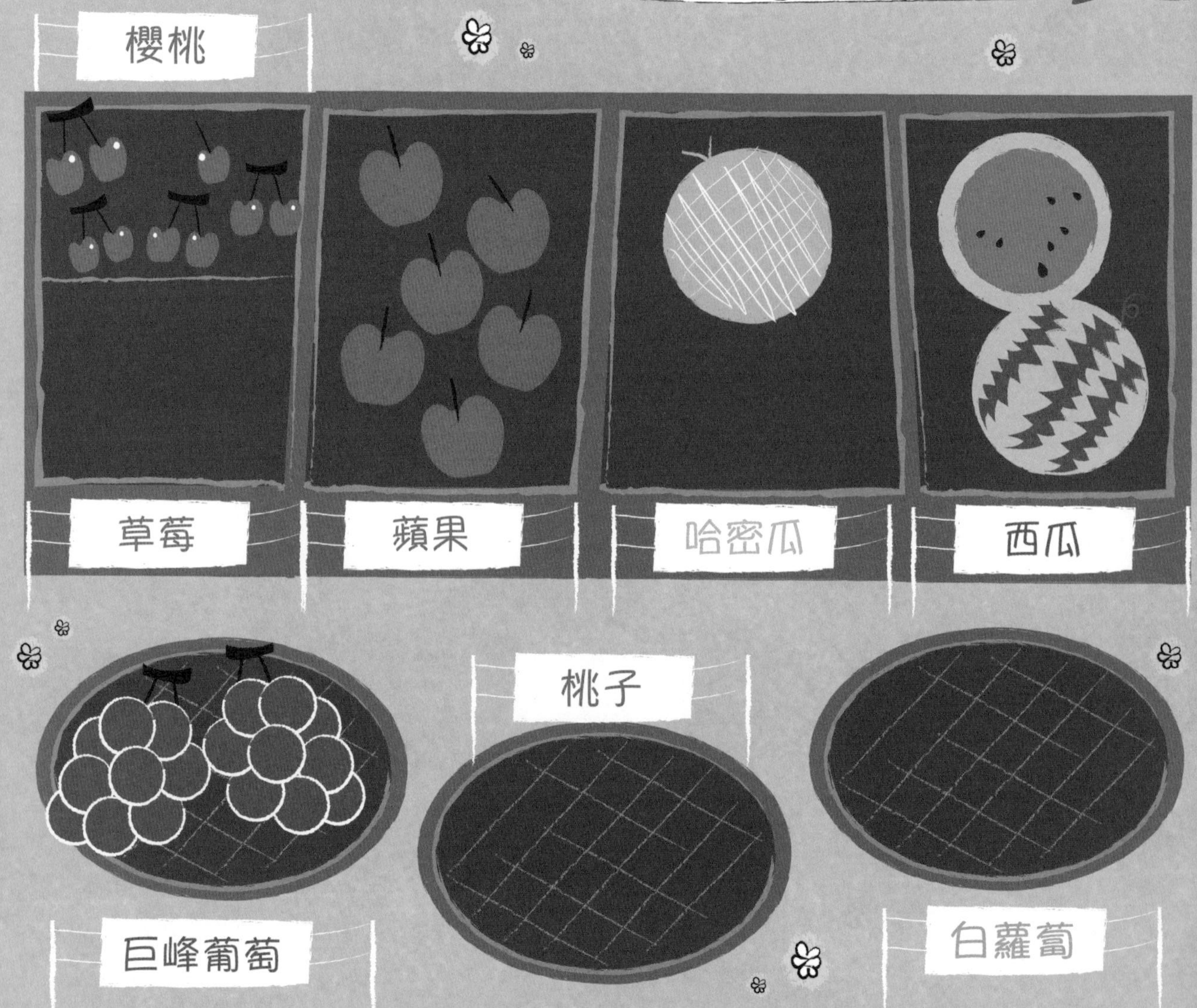




*白蘿蔔：日本人稱白蘿蔔為「大根」。

F

## 電子動漫文化

在東京，秋葉原是一個著名的旅遊地方。那裏集合了電子器材店、玩具店和遊戲店，還有很多動畫或漫畫角色人偶，是年輕人最喜愛逛的地方，真熱鬧呢。請從貼紙頁中選出合適的貼紙貼在剪影上。

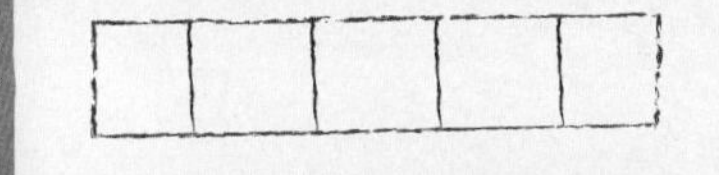

**考考你**

你知道以下哪一項產品是日本人發明的嗎？請圈出代表答案的英文字母。

A 電燈　　B 卡拉 OK　　C 電話

答案：B

# 日本四季分明

日本的氣候四季分明，以下四幅圖為不同季節的景色，但有些地方缺失了，請你從貼紙頁中選出合適的貼紙貼在適當的位置令畫面變得完整吧。

夏天

冬天

# 傳統茶道文化

日本人很愛喝茶，他們保留了擁有逾千年歷史的茶道文化。你知道進行茶道儀式時需要哪些用具嗎？請從貼紙頁中選出合適的貼紙貼在桌子上。

**小知識：**

茶道是日本文化象徵之一。人們除了愛喝茶之外，更會把茶加入烹飪來做出各種美味的甜點，例如：抹茶紅豆冰淇淋、抹茶和菓子、抹茶餅乾等等。

# 傳統服飾

小朋友，你知道日本人的傳統服飾是怎樣的嗎？當你去日本旅遊的時候，你也可以體驗一下穿着日本傳統浴衣或和服呢。請你把以下的浴衣填上顏色吧。

**小知識：**

當大家穿上浴衣或和服時，要注意依照日本人的習俗把左邊的衣襟蓋着右邊的衣襟上才是正確的穿衣法。

# 運動競技賽多

日本人愛好各種運動競技，在日本旅遊時，有些遊客會到體育場所觀看不同的運動競技比賽，感受緊張刺激的比賽氣氛。小朋友，你知道日本有哪些熱門運動競技嗎？請選出正確的運動項目，並在 □ 內加上 ✓。

答案：A, C, D, E

# 我的旅遊小相簿

小朋友，你喜歡拍照嗎？請你把這次旅程中拍下的照片貼在下面不同主題的相框裏，以留下珍貴的回憶。

## 我的東京旅遊足跡

小朋友，你曾經到過日本東京的哪些地方觀光？請從貼紙頁中選出合適的貼紙貼在地圖的剪影上來留下你的小足跡吧。另外，你也可以在地圖上畫出你自己計劃的旅遊路線。

我到過的地方：

______________________

______________________

______________________

______________________

國會議事堂
晴空塔
東京鐵塔
明治神宮
台場摩天輪

# 我的旅遊筆記

你可以發揮創意，把你在旅程中看到有趣的東西畫出來。